光照

庄婧 著　大橘子 绘

九州出版社
JIUZHOUPRESS

图书在版编目（CIP）数据

这就是天气．6，这就是光照 / 庄婧著 ；大橘子绘
．-- 北京 ：九州出版社，2021.1

ISBN 978-7-5108-9712-2

Ⅰ．①这… Ⅱ．①庄… ②大… Ⅲ．①天气－普及读物 Ⅳ．①P44-49

中国版本图书馆 CIP 数据核字（2020）第 207930 号

目录

什么是光照

这里是第一届国际天气节的颁奖典礼现场，今天莅临现场的都是我们天气圈的大咖。

长跑健将风姑娘和潮流前沿雨先生。

盛世妆容的雾小姐。

声音清脆的雷叔叔。

嘉宾就不一一介绍了，抓紧
时间颁奖。我们要颁出今天
最具分量的一个奖项——天
气圈终身成就奖。

获奖者是阳光先生！

下面请听颁奖辞——

阳光先生从太阳出发，不远万里来到我们地球，给地球贡献出最宝贵的能量，是生物生长和发育的必要条件之一。

他是大气中一切物理过程的原动力之一，也是我们所有天气同仁必不可少的重要帮手。

高
低
他加热地面，地面因受热不均造成空气垂直流动而形成高、低压，进而促成风、雨、雪等天气的形成。

他加热海洋、大气，孕育出台风、
对流，制造各种惊险之旅。

他的出现可以消散大雾、融化冰雪，给人
类创造安全的生活环境。

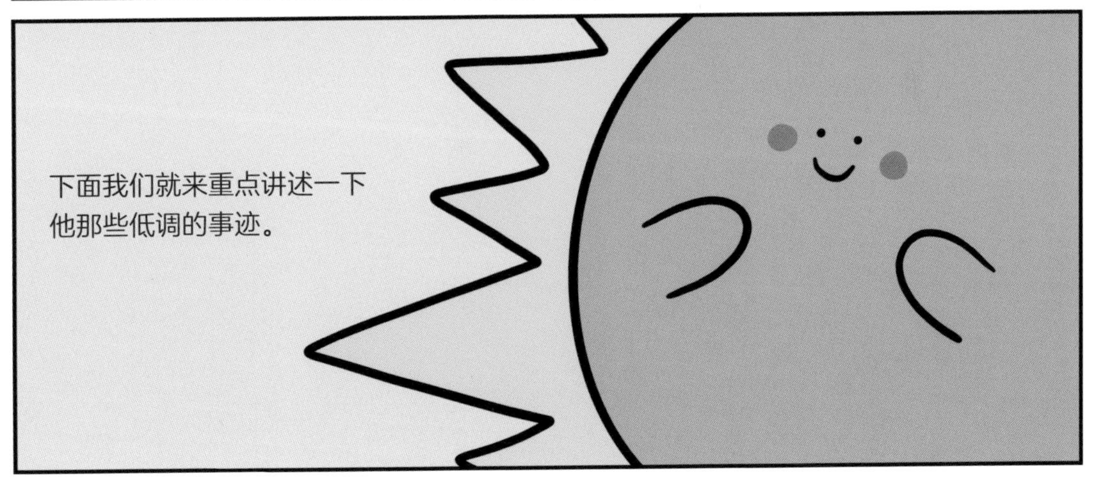
下面我们就来重点讲述一下
他那些低调的事迹。

辐射

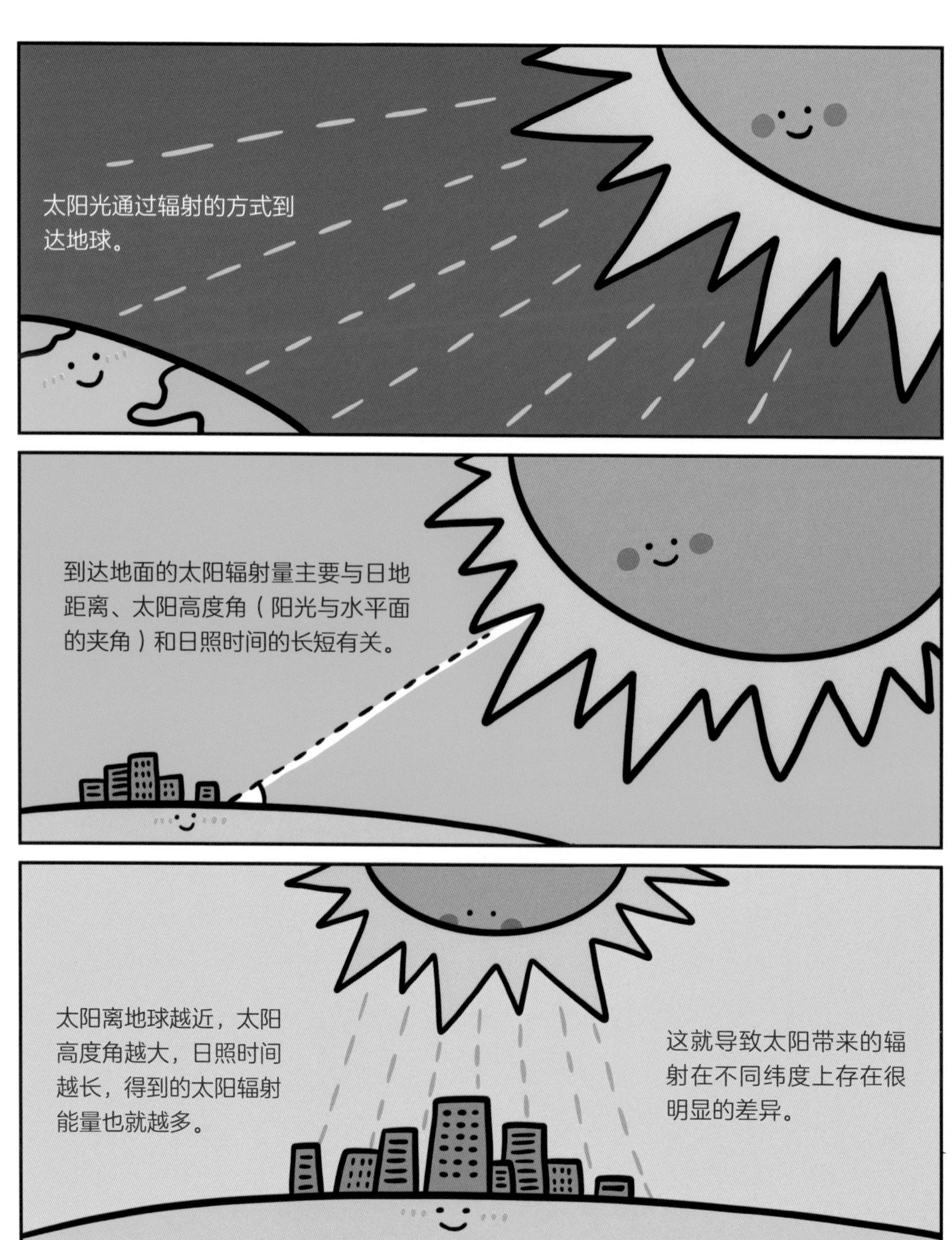

太阳光通过辐射的方式到达地球。
到达地面的太阳辐射量主要与日地距离、太阳高度角（阳光与水平面的夹角）和日照时间的长短有关。
太阳离地球越近，太阳高度角越大，日照时间越长，得到的太阳辐射能量也就越多。
这就导致太阳带来的辐射在不同纬度上存在很明显的差异。

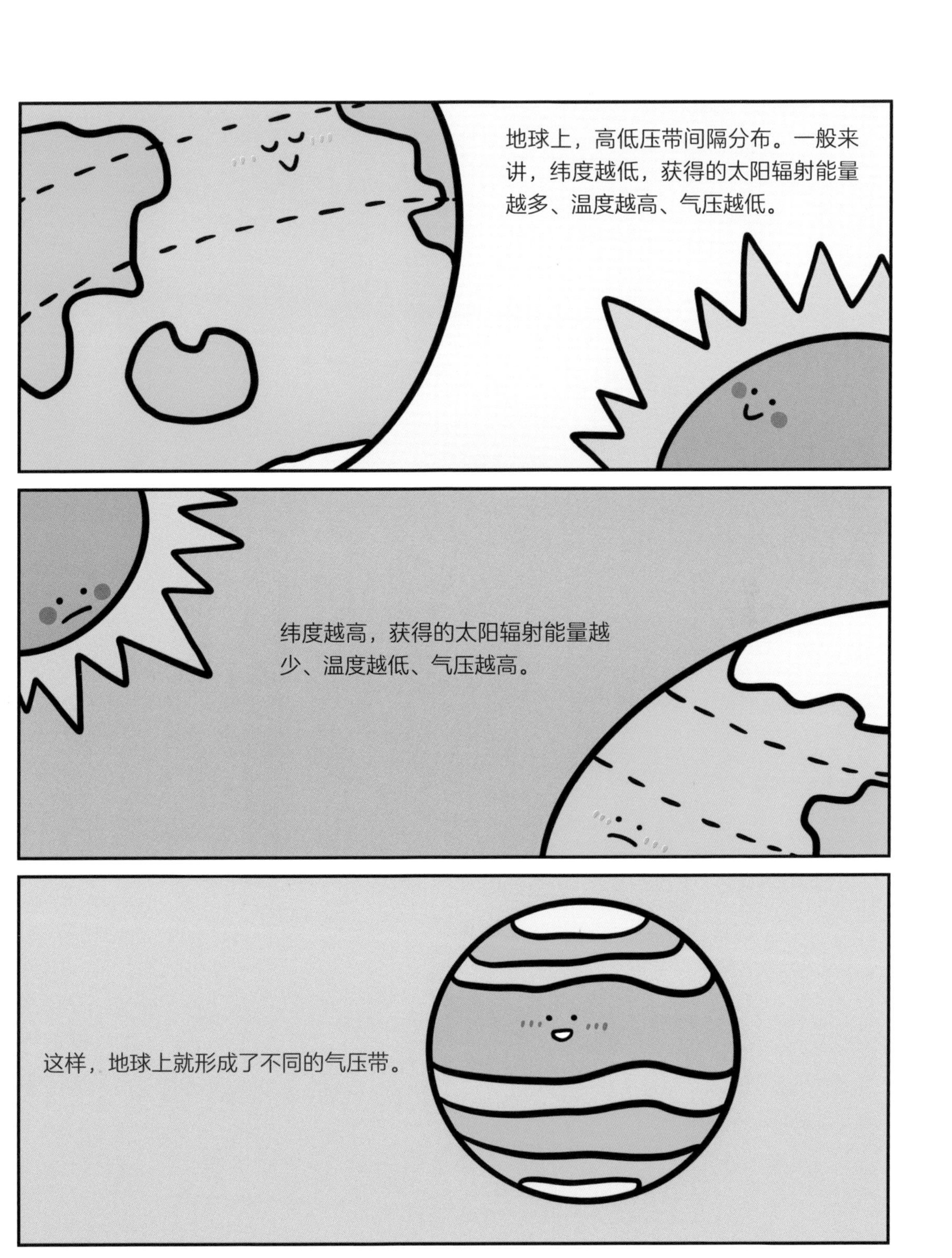
地球上，高低压带间隔分布。一般来讲，纬度越低，获得的太阳辐射能量越多、温度越高、气压越低。
纬度越高，获得的太阳辐射能量越少、温度越低、气压越高。
这样，地球上就形成了不同的气压带。

热带低压带

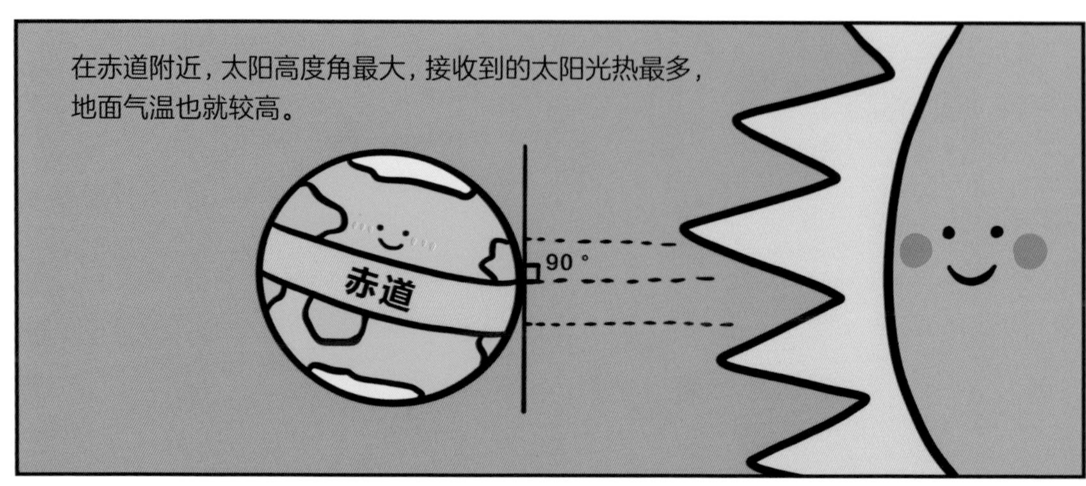
在赤道附近，太阳高度角最大，接收到的太阳光热最多，地面气温也就较高。
赤道
90°

所以在南北纬 5 度之间的地区，就形成了一个低气压带。叫作赤道低气压带。
赤道低气压带

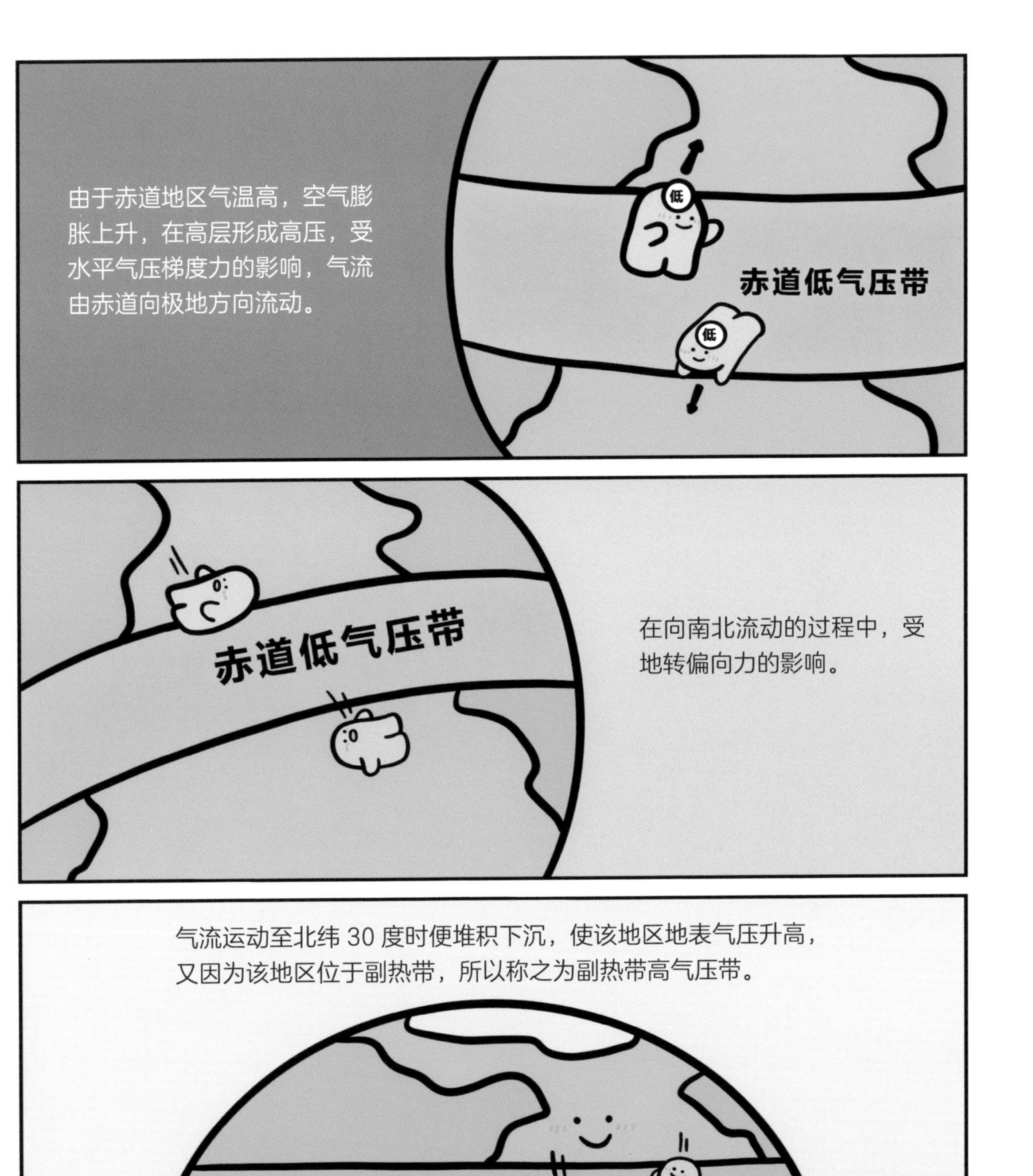
由于赤道地区气温高，空气膨胀上升，在高层形成高压，受水平气压梯度力的影响，气流由赤道向极地方向流动。
低
低
赤道低气压带
赤道低气压带
在向南北流动的过程中，受地转偏向力的影响。
气流运动至北纬 30 度时便堆积下沉，使该地区地表气压升高，又因为该地区位于副热带，所以称之为副热带高气压带。
副热带高气压带
30°

极地高压带

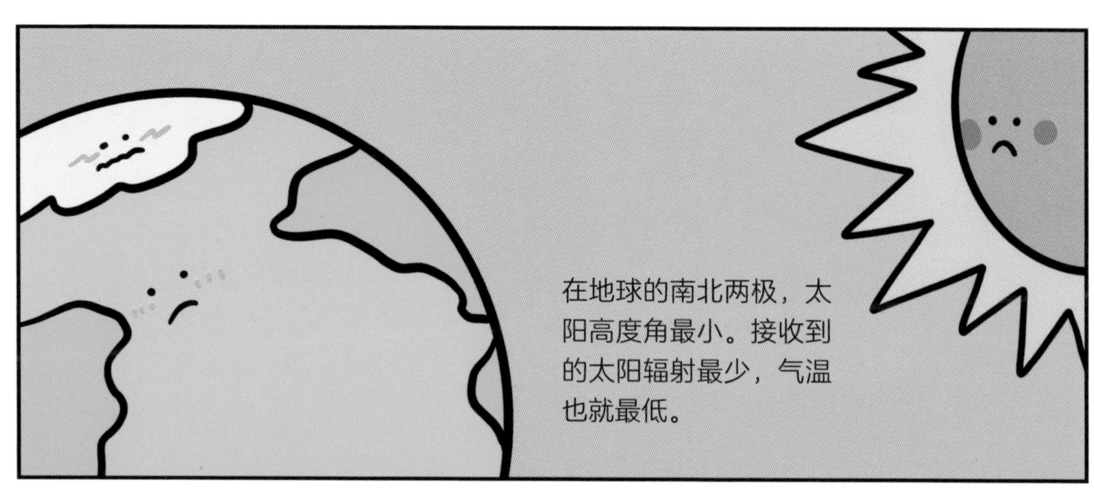
在地球的南北两极，太阳高度角最小。接收到的太阳辐射最少，气温也就最低。

这里空气冷、密度大，堆积在地面上，就形成了寒冷的高压。
高

极地高压带的大小会随季节的变化而发生改变。高压带的范围在冬季扩大，夏季则缩小。
高

风带

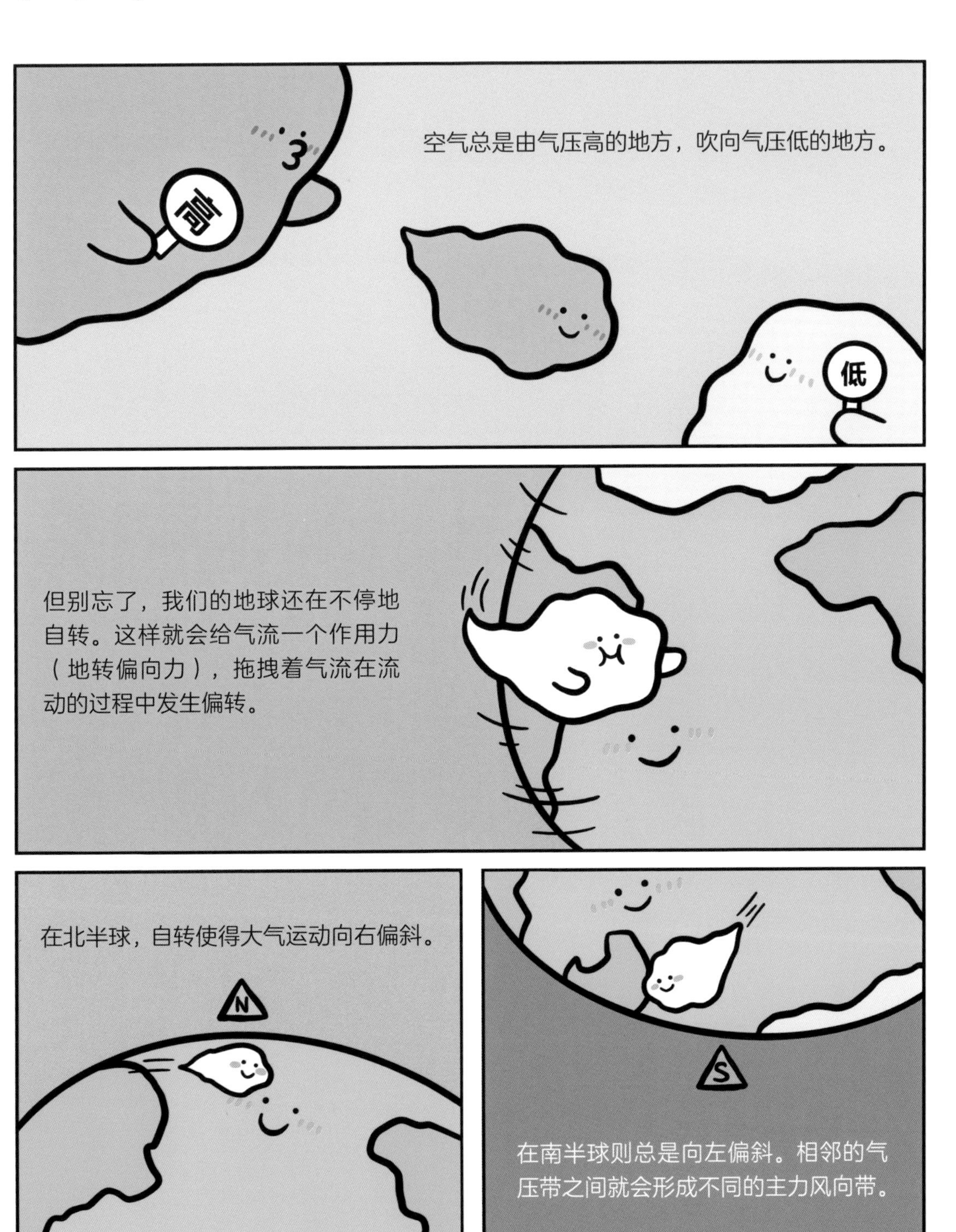
空气总是由气压高的地方，吹向气压低的地方。
高
低
但别忘了，我们的地球还在不停地自转。这样就会给气流一个作用力（地转偏向力），拖拽着气流在流动的过程中发生偏转。
在北半球，自转使得大气运动向右偏斜。
N
S
在南半球则总是向左偏斜。相邻的气压带之间就会形成不同的主力风向带。

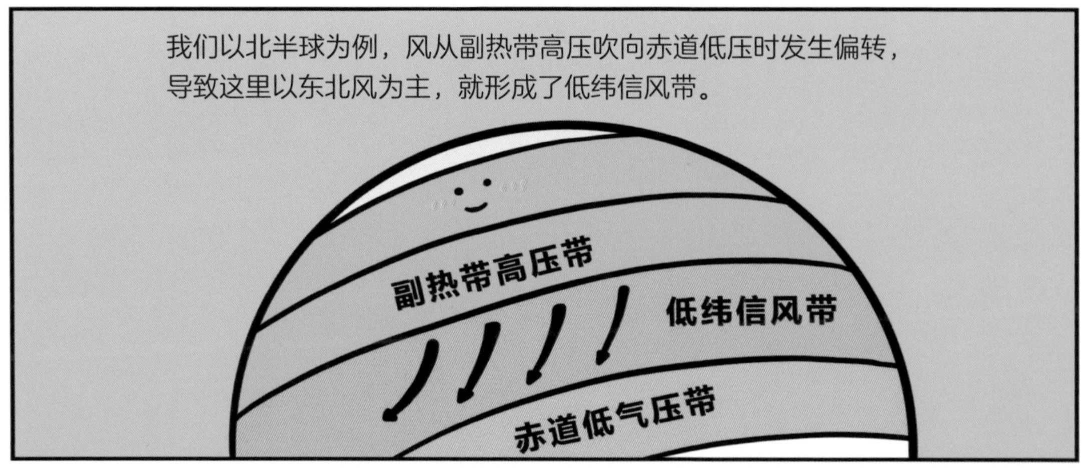
我们以北半球为例，风从副热带高压吹向赤道低压时发生偏转，导致这里以东北风为主，就形成了低纬信风带。
副热带高压带
低纬信风带
赤道低气压带

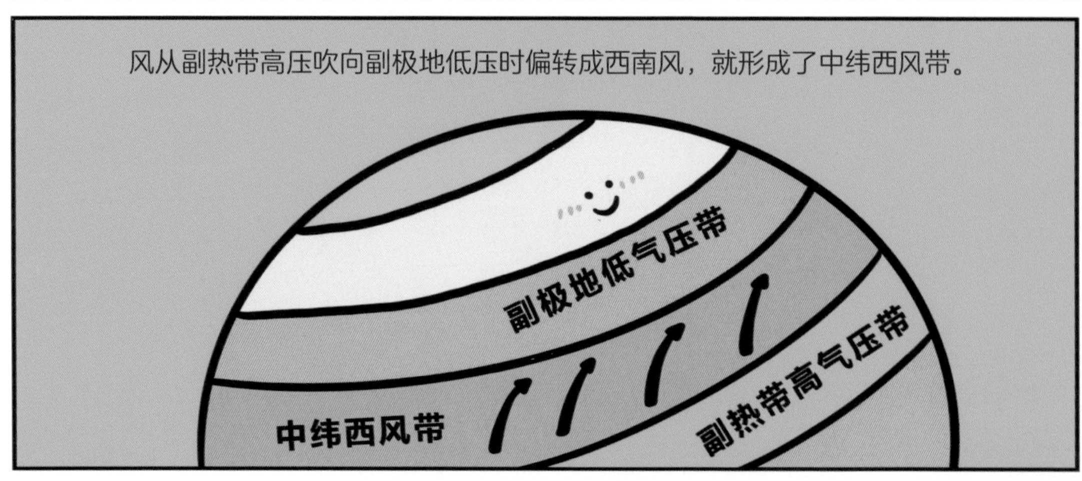
风从副热带高压吹向副极地低压时偏转成西南风，就形成了中纬西风带。
副极地低气压带
副热带高气压带
中纬西风带

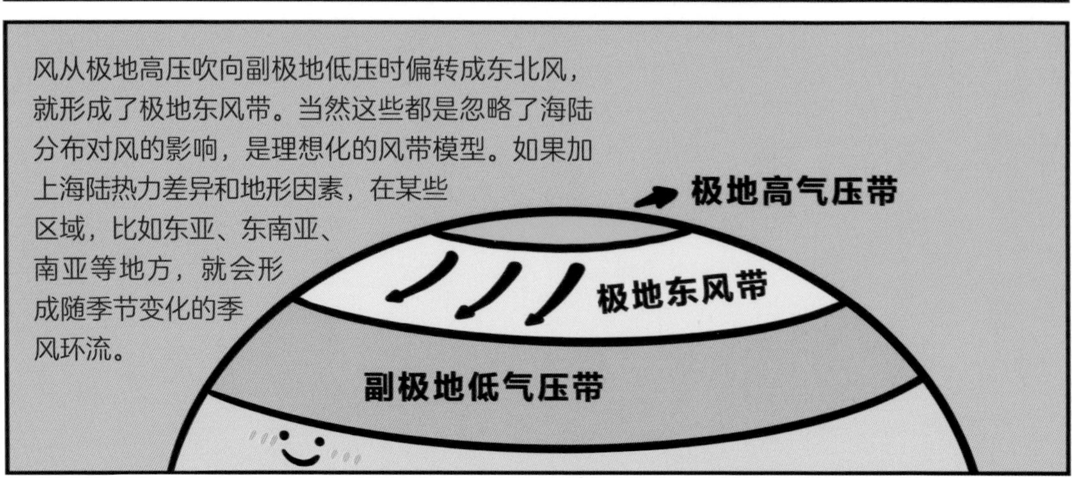
风从极地高压吹向副极地低压时偏转成东北风，就形成了极地东风带。当然这些都是忽略了海陆分布对风的影响，是理想化的风带模型。如果加上海陆热力差异和地形因素，在某些区域，比如东亚、东南亚、南亚等地方，就会形成随季节变化的季风环流。
极地高气压带
极地东风带
副极地低气压带

三圈环流

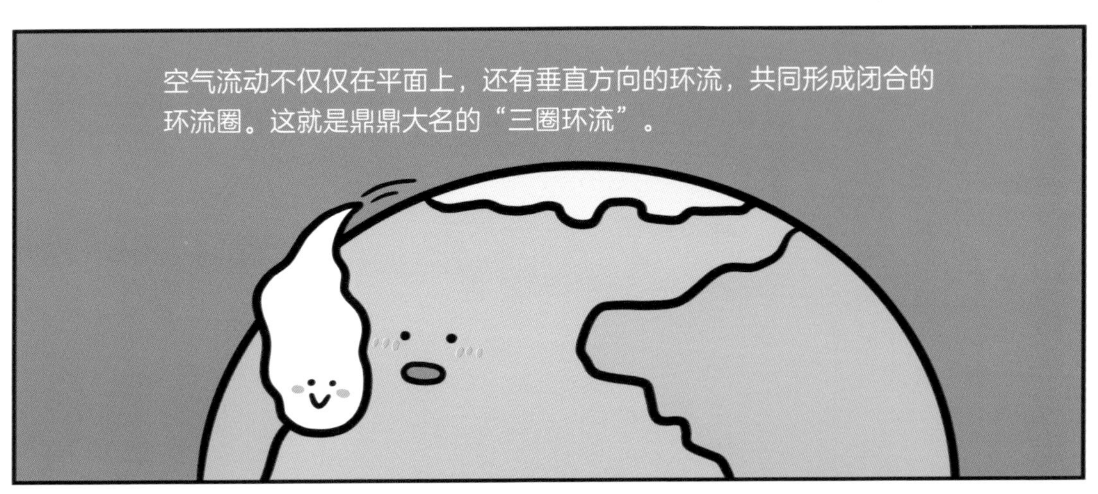
空气流动不仅仅在平面上，还有垂直方向的环流，共同形成闭合的环流圈。这就是鼎鼎大名的“三圈环流”。

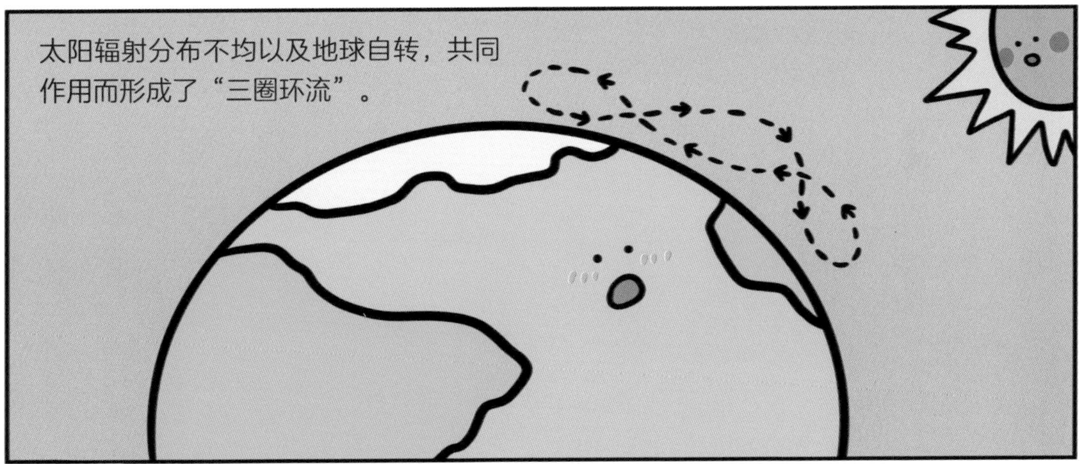
太阳辐射分布不均以及地球自转，共同作用而形成了“三圈环流”。

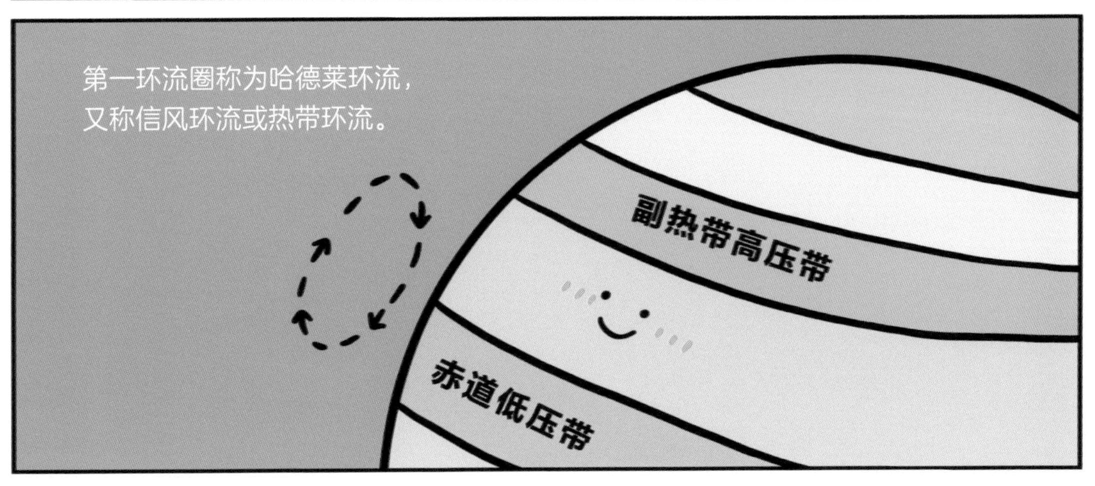
第一环流圈称为哈德莱环流，又称信风环流或热带环流。
副热带高压带
赤道低压带

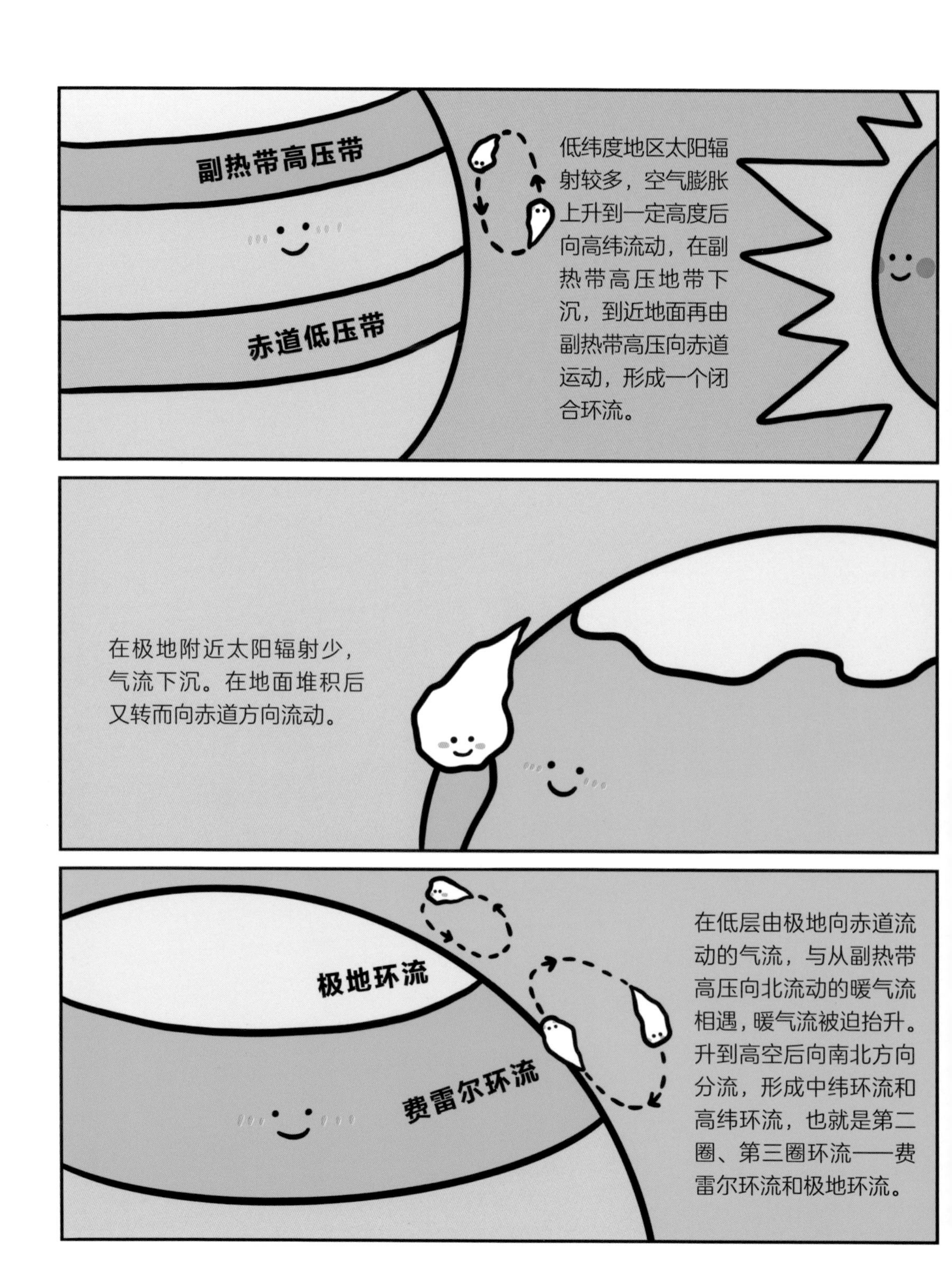
副热带高压带
赤道低压带
低纬度地区太阳辐射较多，空气膨胀上升到一定高度后向高纬流动，在副热带高压地带下沉，到近地面再由副热带高压向赤道运动，形成一个闭合环流。
在极地附近太阳辐射少，气流下沉。在地面堆积后又转而向赤道方向流动。
极地环流
费雷尔环流
在低层由极地向赤道流动的气流，与从副热带高压向北流动的暖气流相遇，暖气流被迫抬升。升到高空后向南北方向分流，形成中纬环流和高纬环流，也就是第二圈、第三圈环流——费雷尔环流和极地环流。

大气环流的作用

现在知道我们的阳光先生有多么低调了吧。不同的气压带和大气环流，造就了地球上不同的气候特征。

比如说赤道低压带，上升气流占据主导优势，降水充沛、森林茂密。

以下沉气流为主的副热带地区，则降水稀少。

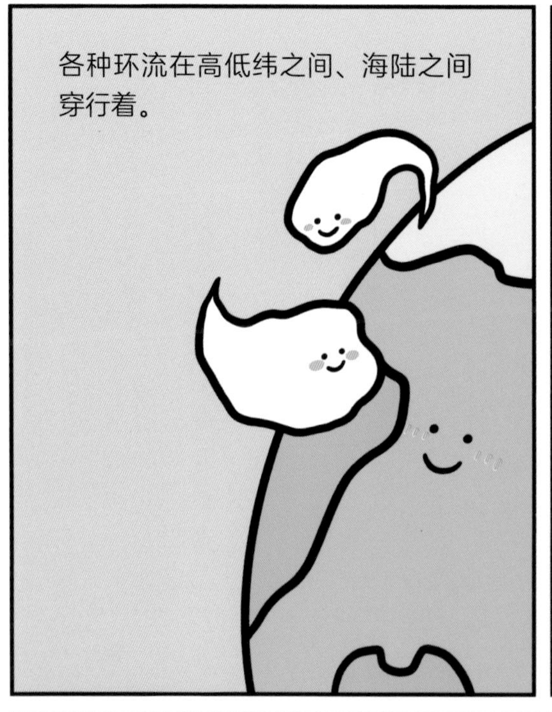
各种环流在高低纬之间、海陆之间穿行着。

成为输送热量和水分的使者。

而降水的形成离不开水汽输入和空气的垂直上升运动。这一切都和环流紧密相连。

水汽和热量分配不均匀，就会导致降水和冷暖的异常。可能在某一地区发生干旱，而在另一地区发生洪涝。或者在某一地区异常炎热，而在另一地区异常寒冷。

季节变化

太阳虽然勤劳无私地奉献着，但他也有“吝啬”的一面。

他不能公平地照顾到全球的每个角落，于是产生了热带、温带、寒带等气候带，这样便有了一年四季，春夏秋冬！

在不同的季节，太阳高度角不一样，南北半球所接收到的太阳光照也就不同。

日照更多的半球是夏季，而另一半则是冬季。春季和秋季则为过渡季节。

极地相反，全年皆是冬天。而中纬度地区是四季最分明的地方。

以二十四节气中的“四立”（立春、立夏、立秋、立冬）作为四季的起点，比如说春季是以立春为起始点、立夏为终点。
而在气象学上主要是根据每年平均气温的滑动平均值来划分四季。

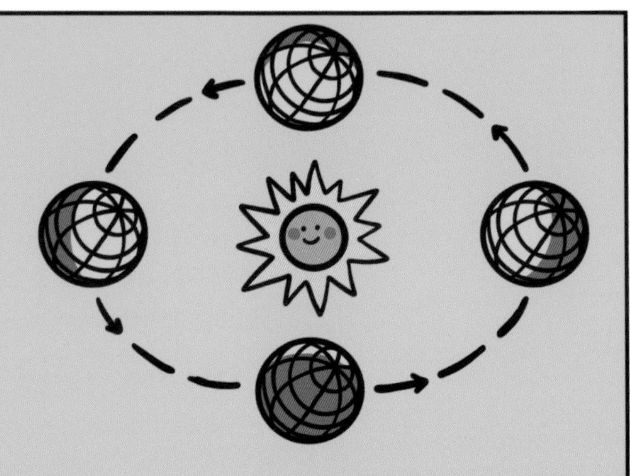

海洋的调节功能

冬冷夏热这是我们对季节最基本的认知。
但在沿海地区，冷热的差异就会小很多。
这得益于海洋的调节作用。

当太阳辐射强的时候，海洋能吸收大部分的辐射热，然后通过海水将这些热量储存起来。

当太阳辐射减弱的时候，海洋又能将先前储存的热量贡献出来。所以与内陆相比，沿海有冬暖夏凉的特点。

北半球陆地面积比南半球大，海洋面积比南半球小得多。所以通常意义上来说，北半球的夏季比南半球热，冬季比南半球冷。

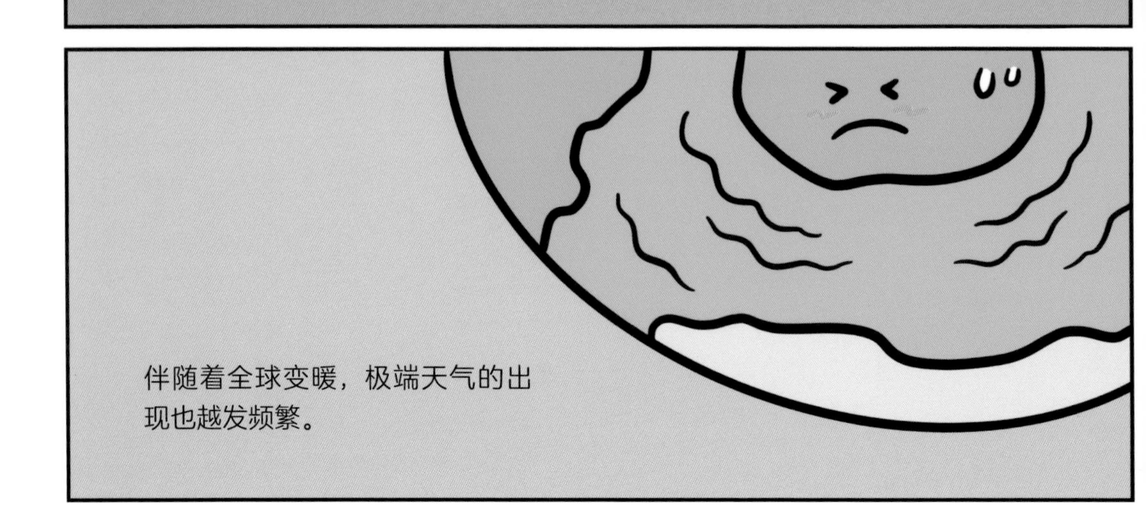

日照时数

在气象上有一个专门为阳光先生量身定制的要素——日照时数。它是指太阳在一个地方实际照射的时长，以小时为单位。

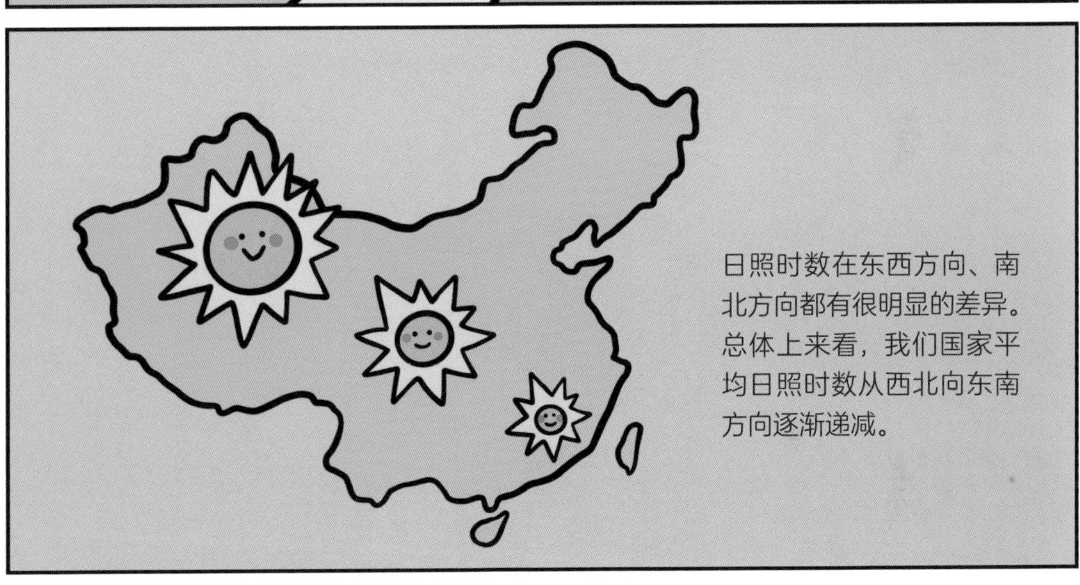
日照时数在东西方向、南北方向都有很明显的差异。总体上来看，我们国家平均日照时数从西北向东南方向逐渐递减。

北方
北方的年平均日照时数普遍在 2200 小时以上，也就是说平均每天都能有 6 个小时的日照。

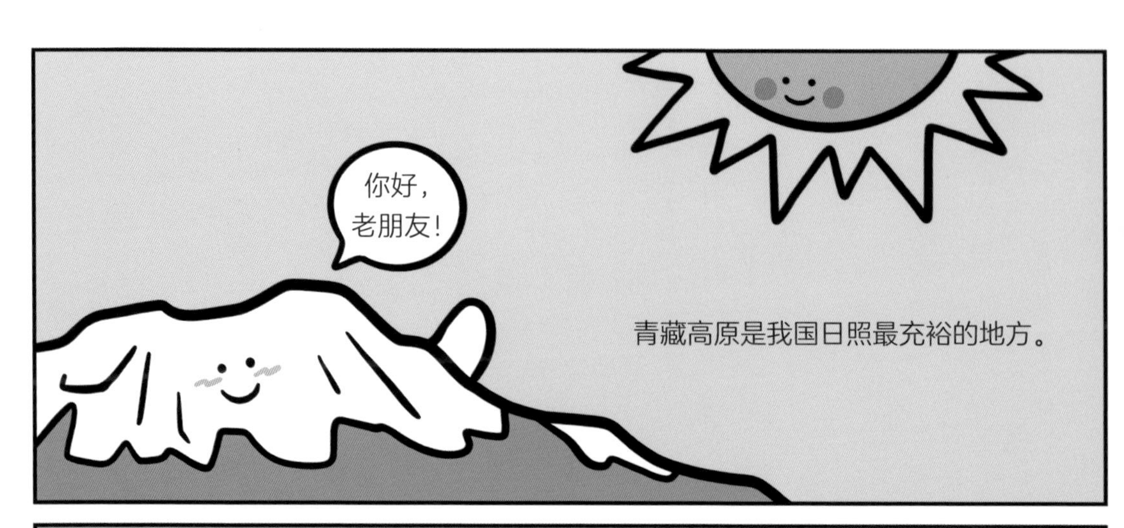
你好，
老朋友！
青藏高原是我国日照最充裕的地方。

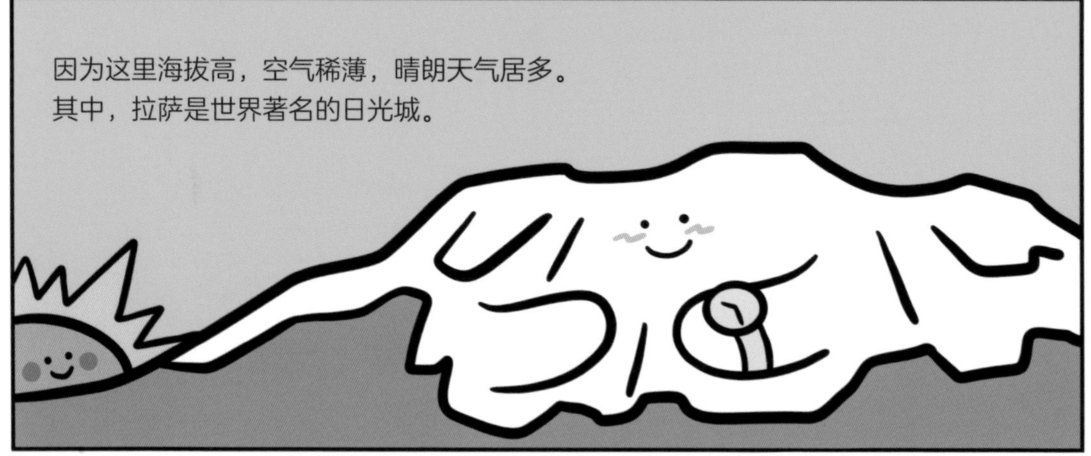
因为这里海拔高，空气稀薄，晴朗天气居多。
其中，拉萨是世界著名的日光城。

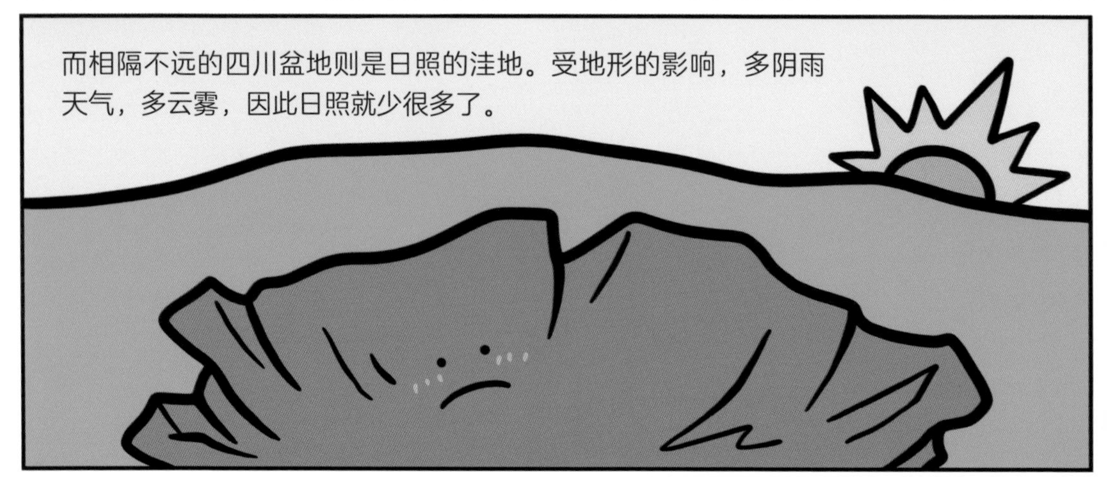
而相隔不远的四川盆地则是日照的洼地。受地形的影响，多阴雨
天气，多云雾，因此日照就少很多了。

大气的作用

如果把阳光的所有能量直接投射到毫无保护的地面上，会给人类带来灾难，使地球寸草不生。

幸运的是，地球有大气层来做保护伞。大气层通过吸收、反射、散射的方式对太阳短波辐射进行了大幅削弱，使得地球白天的地表温度不至于过高。

比如，高层大气中的臭氧能够大量吸收太阳辐射中对生命体有害的紫外线，天空中不同厚度的云层能够大量反射太阳辐射，空气中的各种分子、尘埃、云雾滴等能够改变辐射的方向。

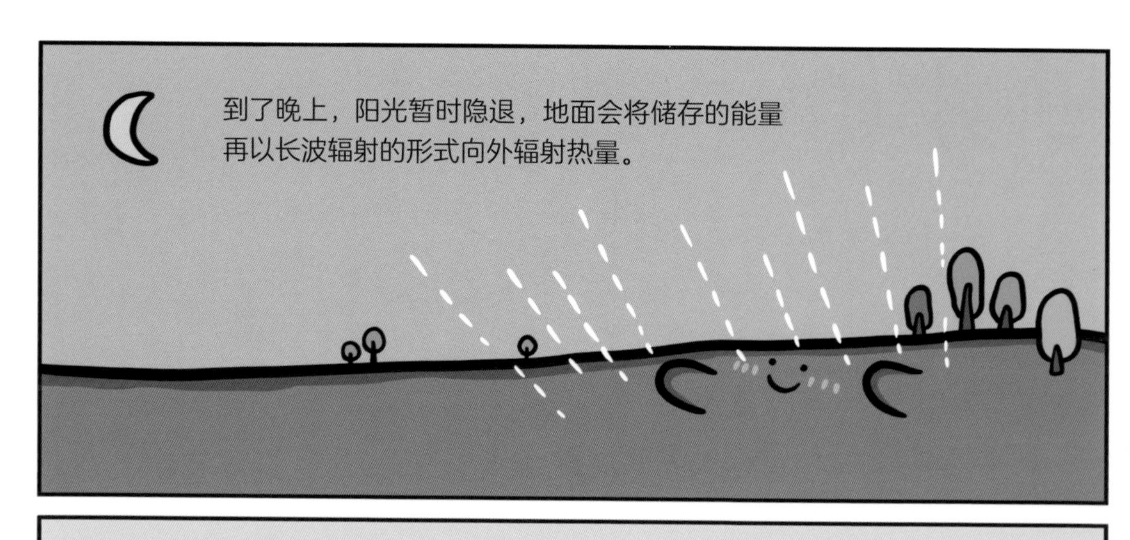

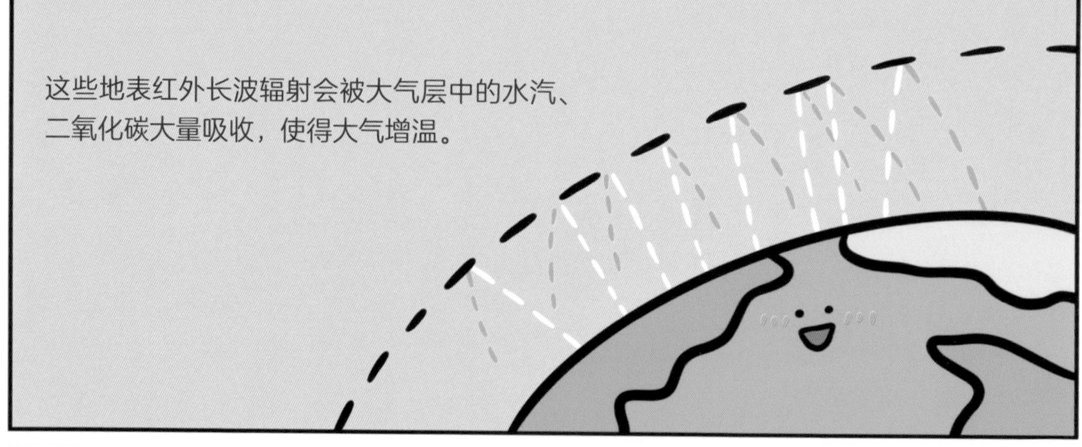

于是，大气层就又变成了地表温度的守护者。

紫外线和臭氧

太阳携带的紫外线大多会被大气层消化掉。紫外线会使皮肤变黑，大量进入人体还会导致皮肤癌患病率增加。

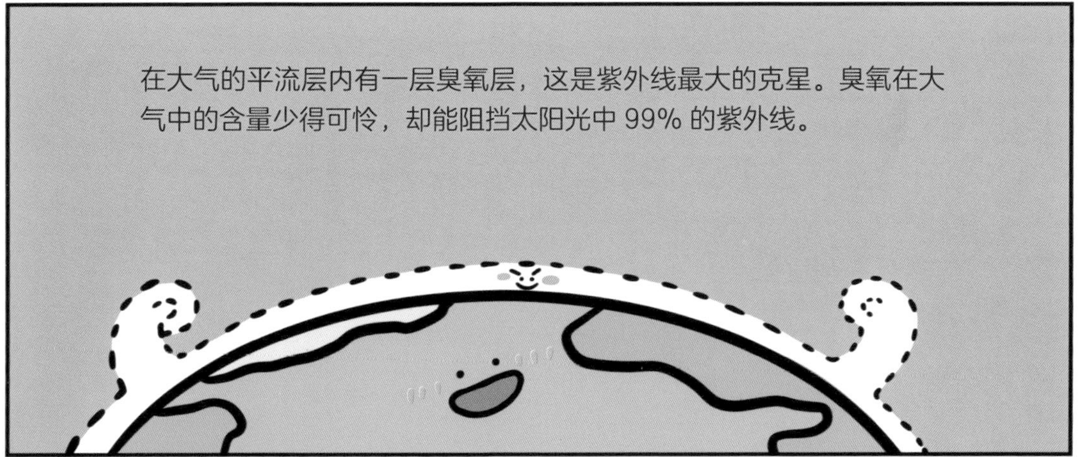
在大气的平流层内有一层臭氧层，这是紫外线最大的克星。臭氧在大气中的含量少得可怜，却能阻挡太阳光中 99% 的紫外线。

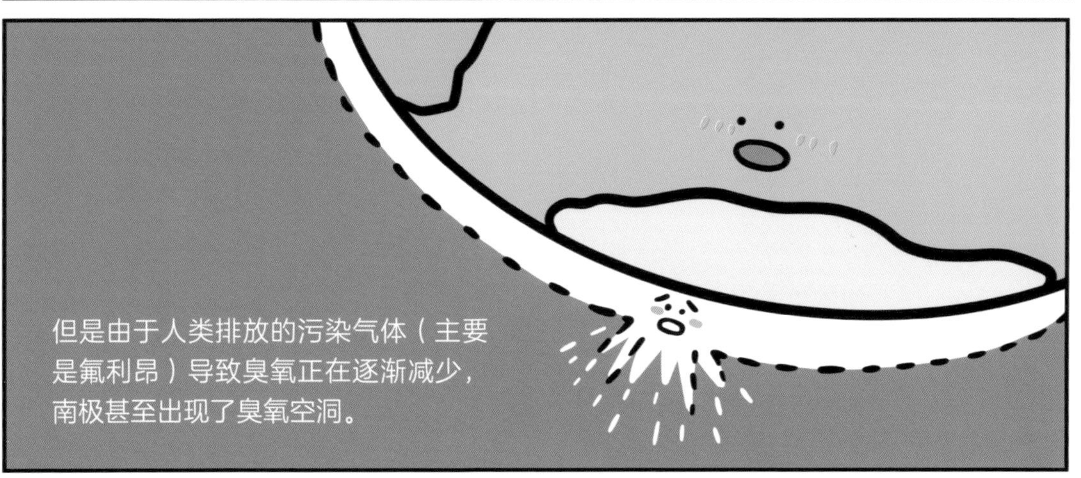
但是由于人类排放的污染气体（主要是氟利昂）导致臭氧正在逐渐减少，南极甚至出现了臭氧空洞。

氟利昂寿命很长，可以达到 40~150 年。

它们在大气中不断积累，最后流窜进平流层，然后受紫外线照射分解产生氯原子。氯原子与臭氧反应，使宝贵的臭氧分解消失。

有人估计，如果臭氧含量减少 10%，地球的紫外线辐射将增加 19%~22%。这会导致皮肤癌患病率增加，还会破坏地球的生态平衡。

光化学污染

光解的速度和温度有一定的关系，在较高的温度下容易产生以臭氧 为主的光化学烟雾。
臭氧在高空的时候是保护使者，但在近地面大气中那就是一种有害气体了——它会伤害人的呼吸道、眼睛以及其他器官。

这种光化学污染一般发生在夏季天气晴朗的时候。白天生成，傍晚消失。

一般来说，城市的污染浓度要高于乡村。不过臭氧可以借助风不断向下游传输，最远可以传到几百公里之外。

减轻这种污染，需要我们共同努力。最主要的就是减少污染物排放。

光与美景

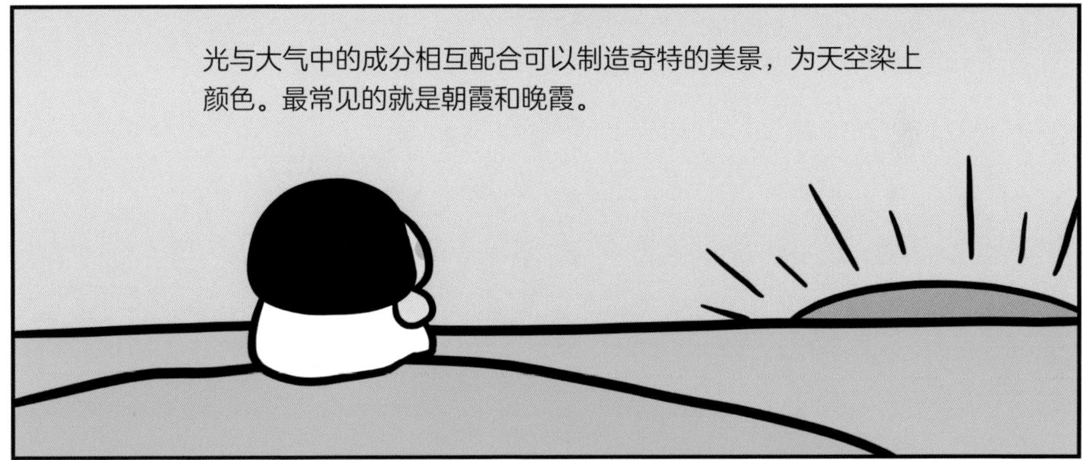

阳光斜穿过大气层，在低层大气中有很长的光程，大量的紫色和蓝色光被削弱。
剩下的黄、橙、红色光到达地平线上空，又被空气分子和尘埃、水汽等杂质散射，天空就拥有了绚丽的色彩。

大气中的水汽和灰尘是造成霞出现的基本因素。
水汽含量越多，霞的色彩就越红。
而空气湿度的突然增加也加大了坏天气的出现几率。
所以当出现红色或橙色的亮丽霞光时，就可能预示着天气将变坏，或许有降水要来临。
彩虹、霓虹则是阳光经过大气中的水汽各种折射和反射之后的景象。
好红的朝霞，今天可以不出门吗？

现在大家明白了吧，阳光先生他就是我们天气圈最勤劳的贡献者。

词汇表

辐射：波的反射和传播，通过空间或某种介质传送能量的过程。大气科学中主要指太阳辐射与长波辐射，前者来自太阳，后者来自地面或大气。

太阳辐射：通常指太阳向周围空气发射的电磁波能量。

太阳高度角：太阳光线与地平面间的夹角。

三圈环流：从赤道到极地的经向剖面中，空气的平均运动由三个经向环流圈组成的大气环流模式。

哈德莱环流：一般位于赤道 30 度至 40 度之间的平均经向环流。它是一个闭合的经向环流圈，对于北半球，空气在近赤道地区上升，然后在高空向北流动，中纬度地区下沉，最后在低空又流向赤道地区。

费雷尔环流：位于中纬度的平均经向环流圈，空气在中纬度上升、高纬度下沉。

日照时数：太阳在一地实际照射地面的时数（地面观测点受到太阳辐射照度等于和大于 120 瓦/平方米的累计时间），以小时为单位，取一位小数。

臭氧：大气的可变成分之一。由三个氧原子构成，常温、常压下为无色，有特臭的气味，具有强氧化作用。

臭氧层：大气中臭氧浓度较高的层次。一般指高度在 10~50km 之间的大气层，也有指 20~30km 之间臭氧浓度最大的大气层。即使在浓度最大处，臭氧对空气的体积比也只有百万分之几，因此它在大气中是痕量成分。

氟利昂：含氟和氯的一类多卤代烃的商品名，学名氟氯烷。现代工业中广泛用氟氯烷作制冷剂。

光化学污染：由光化学烟雾造成的污染现象。形成光化学烟雾的氮氧化合物、碳氧化合物、硫化物等主要来自汽车废气。臭氧的浓度升高是光化学烟雾污染的标志，一定强度的日光辐射是形成光化学烟雾的重要条件。

光化学烟雾：碳氢化合物及氮氧化合物污染的大气，在太阳紫外线照射以及其他适宜的气象条件下，发生一系列光化学反应而形成的烟雾。

朝晚霞：日出或日落后天空中出现的色彩缤纷的大气现象。由大气对阳光的散射和吸收造成，与大气中的含尘量和水汽有关。